Manual de enfermería: del síntoma al diagnóstico

Los editores han hecho todos los esfuerzos para localizar a los poseedores del copyright del material fuente utilizado. Si inadvertidamente hubieran omitido alguno, con gusto harán los arreglos necesarios en la primera oportunidad que se les presente para tal fin.

Advertencia.

Las ciencias de la salud están en permanente cambio. A medida que las nuevas investigaciones y la experiencia clínica amplia nuestro conocimiento, se requieren modificaciones en las modalidades terapéuticas y en los tratamientos farmacológicos. Los autores de esta obra han verificado toda la información con las fuentes confiables para asegurarse de que ésta sea completa y acorde con los estándares aceptados en el momento de la publicación. Sin embargo, en vista de la posibilidad de un error humano o de cambios en las ciencias de la salud, ni los autores, ni la editorial o cualquier otra persona implicada en la preparación o la publicación de este trabajo, garantizan que la totalidad de la información aquí contenida sea exacta o completa y no se responsabiliza por errores u omisiones o por los resultados obtenido del uso de esta información. Se aconseja a los lectores confírmala con otras fuentes. Por ejemplo, y en particular, se recomienda a los lectores revisar el prospecto de cada fármaco que planean administrar para cerciorarse de que la información contenida en este libro sea correcta y que no se hayan producidos cambios en las dosis sugeridas o en las contraindicaciones para su administración. Esta recomendación cobra especial importancia en relación a fármacos nuevos o de uso infrecuente

Manual de enfermería: del síntoma al diagnóstico

1º edición

Autores:
Francisco Domínguez Moreno
Diplomado en Enfermería
Antonia Morenos Ramos
Médico especialista en Anatomía Patológica
Francisco Domínguez Picón
Médico especialista en Medicina Familiar y Comunitaria

© Enero 2013

© Francisco Domínguez Moreno
© Diseño gráfico: José Abel Rodríguez Brenes
                  Álvaro Bravo Ramírez

Impreso por Lulu.com
3101 Hillsborough Street
Raleigh, NC 27607
UNITED STATES

Los autores han adoptado todas las precauciones razonables para verificar la información que figura en la presente publicación, no obstante lo cual, el material publicado se distribuye sin garantía de ningún tipo, ni explícita ni implícita. El lector es responsable de la interpretación y el uso que haga de ese material, y en ningún caso los autores podrán ser considerados responsables de daño alguno causado por su utilización.

Fotocopiar es un delito (Art. 270 C.P)

Este libro está legalmente protegido por los derechos de propiedad intelectual. Cualquier uso, fuera de los límites establecidos por la legislación vigente, sin el consentimiento del editor, es ilegal. Esto se aplica en particular a la fotocopia y en general, a la reproducción en cualquier otro soporte.

ISBN: 978-1-300-70261-0

*A José Antonio
que siempre es y será
fuente de nuestra
inspiración*

Prólogo

En la asistencia sanitaria contamos cada vez con mayor número y más sofisticados medios diagnósticos, sin embargo nada puede desplazar a una correcta historia clínica y una minuciosa exploración, ya que son la base para poder establecer un adecuado diagnóstico diferencial sobre el que apoyar una razonable estrategia de pruebas diagnósticas. La necesidad cada vez mayor de optimizar el gasto sanitario y la necesidad de exponer a nuestros pacientes al menor riego posible de efectos secundarios, hace necesario esta racionalización en el empleo de los medios diagnósticos.

Este manual ha sido inspirado en la intención de conseguir aportar la mejor evidencia científica disponible para enfocarla hacia el diagnóstico partiendo del síntoma principal. Somos conscientes de que un paciente presenta diferentes síntomas, pero hay un síntoma guía sobre el que apoyar el diagnóstico diferencial.

Otro elemento que hemos querido incorporar es la estratificación del riesgo a la hora de priorizar la atención, buscando los datos clínicos que evidencien la gravedad potencial del proceso que presenta el paciente. Pensamos que en unos servicios sanitarios cada vez con mayor demanda es necesario detectar las situaciones clínicas de mayor gravedad y las que requieren una actuación más precoz.

Estando la enfermería inmersa en un proceso continuo de evolución y perfeccionamiento, donde sus profesionales se incorporan cada vez más al proceso de triage en la asistencia sanitaria, esperamos que este manual pueda constituir una herramienta válida y útil en su actividad diaria. Encontrando las claves necesarias para prestar la mejor atención a sus pacientes.

Índice

Prólogo 7
Capítulo 1: Disnea 11
Capítulo 2: Dolor torácico agudo 25
Capítulo 3: Dolor abdominal agudo 49
Capítulo 4: Fiebre 63
Capítulo 5: Cefalea 79
Capítulo 6: Coma 91
Bibliografía 105

MANUAL DE ENFERMERÍA

DEL SÍNTOMA AL DIAGNÓSTICO

CAPÍTULO 1

Disnea

Francisco Domínguez Moreno
Antonia Morenos Ramos

Introducción

La disnea constituye uno de los síntomas más frecuentes con el que los pacientes acuden al médico. No resulta raro que sea la única queja y el único hallazgo que se obtiene en determinadas situaciones clínicas, constituyendo un reto a la hora de establecer el diagnóstico causal y la terapéutica apropiada. De aquí se desprende la necesidad de estar adecuadamente familiarizado con las principales patologías capaces de provocar disnea y a la vez, poseer un sistema de reconocimiento que facilite la actuación frente a ella[1].

Definición y concepto

Debemos diferenciar los distintos síntomas y signos respiratorios para establecer un diagnostico diferencial adecuado:

- Disnea: sensación subjetiva de dificultad para realizar la respiración o falta de aire.
- Disnea laríngea: sensación subjetiva de dificultad para realizar la respiración o falta de aire que se acompaña de estridor, tiraje e incremento de tiempo

inspiratorio; siendo consecuencia de obstrucción alta a nivel de laringe o tráquea.

- Disnea paroxística nocturna: sensación subjetiva de dificultad para realizar la respiración o de falta de aire que suele aparecer por la noche y que despierta al paciente, mejorando cuando se incorpora.
- Asfixia: supresión temporal o permanente de la respiración que imposibilita el intercambio gaseoso entre los pulmones y la sangre.
- Taquipnea: aumento de la frecuencia respiratoria por encima de los valores normales (>20 inspiraciones por minuto). En el adulto la frecuencia respiratoria se considera normal entre 12 y 20 respiraciones por minuto.
- Hiperpnea: aumento en la profundidad y frecuencia de la respiración.
- Polipnea: aumento de la frecuencia respiratoria con disminución de la profundidad inspiratoria. Respiraciones rápidas y superficiales.
- Ortopnea: forma de disnea en la que el paciente es incapaz de respirar correctamente en decúbito supino, obligándole a mantener una postura en sedestación.

Causas de disnea[2]

1. Cardiocirculatoria
   - Anemia.
   - Edema Agudo de Pulmón.
   - Shock.
   - Cardiopatía hipertensiva.
   - Miocardiopatía alcohólica.
   - Pericarditis y taponamiento cardiaco.
   - Insuficiencia cardíaca.
   - Arritmias cardíacas.
2. Respiratoria
   - Obstrucción de vías aéreas extratorácicas:
     - Aspiración de cuerpos extraños.
     - Edema de glotis.
     - Angioedema
   - Obstrucción de vías aéreas intratorácicas:
     - EPOC agudizado.
     - Crisis de asma bronquial.
     - Infecciones de vías aéreas altas o bajas.
     - Inhalación de humos o sustancias gaseosas irritantes.
   - Enfermedades del parénquima pulmonar:
     - Neumonías.
     - Atelectasias.
   - Síndromes de distrés respiratorio en adultos.

- Enfermedades pleurales:
    - Neumotórax.
    - Derrame pleural.
- Tromboembolismo pulmonar.
3. Psicógena
    - Síndrome de hiperventilación alveolar.
4. Enfermedades metabólicas
    - Acidosis metabólica.
    - Cetoacidosis diabética.
    - Híper o hipotiroidismo.
    - Embarazo.
5. Mecánicas
    - Volet costal.
    - Contusiones pulmonares.
    - Fracturas costales.
6. Otras causas
    - Anemia
    - Reflujo gastroesofágico.
    - Procesos abdominales (ascitis, masas).
    - Exposición a grandes alturas.
    - Falta de forma física.

Aproximación diagnóstica al paciente con disnea[3]

Causa	Clínica	Exploración	Prueba complementaria
Neumonía	- Disnea - Tos, expectoración - Fiebre - Dolor pleurítico - Hemoptisis	- Taquipnea - AP: Crepitantes - Roce, disminución mv (derrame)	-GAB: Hipoxemia - Analítica: leucocitosis y neutrofilia - Rx tórax: condensación alveolar, intersticial, derrame metaneumónico
Crisis asmática	- Disnea - Tos +/- expectoración - Opresión	- Taquipnea - Uso musculatura accesoria - AP: sibilancias	- GAB: fases según gravedad - Rx tórax: normal/ hiperinsuflación PEF: disminuido
EPOC	- Disnea - Tos y expectoración - Opresión	- Taquipnea - Cianosis, flapping - Uso musculatura accesoria - AP: roncus/sibilancias	- GAB: hipoxemia+/- hipercapnia/acidosis - Rx tórax: intersticial broncovascular, hiperinsuflación, bullas, HTP - Analítica: leucocitosis
Embolismo pulmonar	- Disnea - Dolor torácico - Hemoptisis - Inestabilidad hemodinámica	- Taquipnea, - Taquicardia - Signos de TVP	- GAB: normal/hipoxemia - Rx tórax: normal, atelectasias laminares - ECG: taquicardia, sobrecarga derecha aguda (S1Q3T3, BRD) - Dímero D elevado
Edema pulmonar cardiogénico	- Disnea, - Ortopnea, - Disnea paroxística nocturna - Tos, expectoración rosada	- Taquipnea - Ingurgitación yugular - Cianosis, palidez, sudoración - Hepatomegalia - Edemas - ACR: 3°/4° ruidos, soplos, crepitantes bilaterales, sibilancias	- Gases: hipoxemia +/- hipercapnia y acidosis - Rx tórax: cardiomegalia, patrón alveolar perihiliar/ intersticial, líneas Kerley, HTP postcapilar - Biomarcadores cardiacos si sospecha de IAM.

Neumotórax	- Disnea - Dolor torácico homolateral - Tos seca	- Taquipnea - AP: ↓mv o abolición con vibraciones vocales ↓ - Timpanismo	- Rx tórax: Ins/espiración forzadas: línea pleural, colapso, hiperinsuflación y desplazamiento de estructuras - Gases: normal, hipoxemia +/- hipercapnia
Derrame pleural	- Disnea - Dolor pleurítico homolateral	- Taquipnea - AP: ↓ mv o abolición con vibraciones vocales ↓ - Matidez	- Rx tórax: línea derrame/loculación/ pulmón blanco - Gases: normal, hipoxemia +/- hipercapnia

A.C.P.: auscultación cardiopulmonar; G.A.B.: gasometría arterial basal; M.V.: murmullo vesicular, P.E.F.: Pico de flujo; HTP: hipertensión pulmonar; T.V.P.: trombosis venosa profunda; B.R.D.: bloqueo rama derecha.

Escalas de medición de la disnea

Escala NYHA (New York Heart Association) para la valoración funcional de Insuficiencia Cardíaca[4].

- Clase I. No hay limitación de la actividad física. La actividad ordinaria no ocasiona fatiga, palpitaciones, disnea o dolor anginoso.

- Clase II. Ligera limitación de la actividad física. Asintomático en reposo. La actividad ordinaria ocasiona fatiga, palpitaciones, disnea o dolor anginoso.

- Clase III. Marcada limitación de la actividad física. Sin síntomas en reposo. Actividad física menor que la ordinaria ocasiona fatiga, palpitaciones, disnea o dolor anginoso.

- Clase IV. Incapacidad para llevar a cabo cualquier actividad física sin disconfort. Los síntomas de insuficiencia cardíaca o de síndrome anginoso pueden estar presentes incluso en reposo. Si se realiza cualquier actividad física los síntomas aumentan.

La clasificación NYHA se utiliza en la práctica clínica y en los estudios de investigación, como factor pronóstico, ya que se ha evidenciado su asociación con las tasas de hospitalización, progresión de la enfermedad y mortalidad en pacientes con insuficiencia cardíaca, independientemente de su edad o comorbilidad[5].

La escala del British Medical Research Council (M R C) clasifica la disnea en cinco grados, según una sencilla cuantificación del ejercicio necesario para que aparezca la dificultad respiratoria. Tanto esta escala, como la modificación que de la misma ha realizado la American Thoracic Society (ATS), tienen el inconveniente de que aunque evalúan muy bien la magnitud del desencadenante, no valoran la repercusión funcional y subjetiva del paciente[6].

- Grado 1. Disnea esperable por las características de la actividad, como un esfuerzo extremo.

- Grado 2. Incapacidad de mantener el paso de otras personas cuando suben escaleras o cuestas ligeras.

- Grado 3. Incapacidad de mantener el paso por terreno llano como otras personas de la misma edad y constitución.

- Grado 4. Aparición de disnea durante la realización de actividades como subir un piso o caminar 100 m en llano.

- Grado 5. Disnea de reposo o durante la realización de las actividades de la vida diaria.

Valoración del paciente con disnea[7]

Dadas las múltiples causas de disnea es necesario realizar un adecuado enfoque diagnóstico. La rapidez en el comienzo de los síntomas o la cronicidad brindan importantes claves para ayudar al diagnóstico. La disnea se define como aguda si aparece súbitamente o dentro de las pocas horas en un paciente previamente asintomático. El diagnóstico se realiza generalmente por la historia clínica y sobre la base de la aparición de hallazgos exploratorios. La disnea crónica está presente desde hace algún tiempo y puede empeorar lentamente en meses o años antes de que el paciente busque asistencia médica.

El primer paso en la evaluación de la disnea aguda en un paciente adulto es determinar el grado de gravedad y, por tanto, la urgencia en las medidas terapéuticas. Es esencial la valoración inmediata de la permeabilidad de la vía aérea, la oxigenación arterial, el estado mental, la frecuencia respiratoria y el trabajo respiratorio. Deben registrarse los signos vitales para determinar la presencia de compromiso hemodinámico; la pulsioximetría es útil para evaluar el estado de oxigenación, aunque tiene limitaciones ya que sólo mide la saturación arterial de oxígeno de la hemoglobina. La medición de los gases en sangre constituye un procedimiento más intervencionista pero permite cuantificar los defectos en la PaO_2, $PaCO_2$ y estado ácido-base.

En cuanto a la valoración de la disnea crónica, este síntoma es uno de los principales referidos por los pacientes que son atendidos en cardiología o neumología. En la práctica, a menudo es difícil distinguir entre causas cardíacas o pulmonares de la disnea y con frecuencia algunos individuos experimentan una disfunción simultánea en ambos sistemas. El diagnóstico adecuado es crucial ya que el tratamiento inapropiado puede exacerbar los síntomas.

El orden de los estudios diagnósticos se basa en la presunción diagnóstica tras la historia clínica y el examen físico. La radiografía de tórax es un método obligado en el diagnostico diferencial del paciente con disnea junto al ECG.

Criterios de Gravedad del paciente con disnea[8]

Se valorará la situación hemodinámica y se descartará un posible fallo ventilatorio inminente que nos obligue a realizar reanimación cardiopulmonar o intubación orotraqueal. Existe la tendencia a demorar la intubación lo más posible con la esperanza de que no será necesaria. Esto puede llegar a ser perjudicial para el paciente, nos basamos en los aspectos clínicos y tendencia evolutiva para tomar la decisión. Se evaluaran los siguientes aspectos:

1. Estado mental: agitación, confusión, inquietud. Escala de Glasgow<8.

2. Trabajo respiratorio: se considera excesivo si existe taquipnea por encima de 35 rpm, tiraje y uso de músculos accesorios.

3. Fatiga de los músculos inspiratorios: asincronía toraco-abdominal.

4. Signos faciales de insuficiencia respiratoria grave:

- Ansiedad

- Dilatación de orificios nasales. Aleteo nasal.

- Boca abierta

- Labios fruncidos

5. Agotamiento general del paciente, imposibilidad de descanso ó sueño.

6. Hipoxemia PaO_2 < de 60 mm de Hg ó Saturación menor del 90 % con aporte de oxígeno.

7. Hipercapnia progresiva $PaCO_2$ > de 50 mm de Hg Acidosis pH < de 7.25.

8. Capacidad vital baja (< de 10 ml / kg de peso)

9. Fuerza inspiratoria disminuida (< - 25 cm de agua)

10. Parada respiratoria

MANUAL DE ENFERMERÍA

DEL SÍNTOMA AL DIAGNÓSTICO

CAPÍTULO 2
Dolor Toráco Agudo

Francisco Domínguez Moreno
Francisco Domínguez Picón

Definición:

El grupo de trabajo SEMES-Insalud define el dolor torácico como todo dolor del tórax en adultos, sin aparente relación con un traumatismo ni lesiones visibles o palpables en el tórax. Está definido por un amplio rango de manifestaciones que pueden ir desde la molestia, la sensación de pesadez u opresión, hasta el dolor intenso con o sin irradiación. El dolor puede verse modificado por condiciones del paciente, edad, enfermedades de base, o por aspectos étnicos y culturales. La intensidad de la manifestación no se correlaciona con la gravedad del proceso[1].

Se presenta en la zona comprendida entre el diafragma y la base del cuello, de reciente instauración y que requiere por parte del médico de un diagnóstico precoz y acertado, ante la posibilidad de que requiera de un tratamiento médico quirúrgico urgente[2].

El dolor torácico es una causa frecuente de consulta urgente porque quien lo padece piensa en primer lugar en la posibilidad de que se trate de una angina de pecho o IAM, lo cual a su vez constituye un factor más de ansiedad y angustia para el paciente que lo sufre. Representa un reto para el médico dada la multiplicidad de estructuras que pueden originarlo, su elevada frecuencia y el hecho de que sea el síntoma guía en la forma de presentación de enfermedades graves, potencialmente mortales, que precisan atención urgente[3].

Causas de dolor torácico:

- De origen cardiaco isquémico: síndrome coronario agudo

- De origen cardiaco no isquémico: valvulopatías, rotura de cuerda tendinosa, miocardiopatías.

- De origen vascular: aneurisma de aorta, disección aórtica, tromboembolismo de pulmón.

- De origen pleuropericárdico: pleuritis, pericarditis, neumotórax, empiema.

- De origen digestivo: hernia de hiato, espasmo esofágico, reflujo gastroesofágico, ulcus, achalasia.

- De origen pulmonar: neumonías, carcinoma de pulmón.

- De origen músculo esquelético: osteocondritis, síndrome de Tietze, osteoporosis.

- De origen neurógeno: compresión radicular, herpes zoster, neuritis intercostal

- De origen abdominal: irradiado en patologías abdominales como colecistitis, pancreatitis o perforación.

- De origen psicógeno: somatizaciones en paciente ansiosos-depresivos

Aproximación al dolor torácico según el perfil clínico[4]

1. Perfil coronario

    - Dolor opresivo, retroesternal, de intensidad creciente y de al menos 1-2 minutos de duración.

    - Irradiado a cuello, mandíbula, hombro y brazo izquierdo

    - Habitualmente suele acompañarse de cuadro vegetativo (náuseas, vómitos, diaforesis).

2. Perfil pleuropericárdico

    - Dolor punzante

    - Localización variable

    - Aumenta con la tos y la inspiración profunda

3. Perfil osteomuscular

    - Aparece con los movimientos y mejora o cede con la inmovilización

    - Suele desencadenarse por la presión local

4. Perfil neurogénico

    - Dolor lancinante, punzante

    - Sigue el recorrido de un nervio (metamérico), especialmente un trayecto intercostal

5. Perfil digestivo

    - No hay un perfil definido

    - Punzante o quemante

    - Se localiza también en epigastrio o hipocondrio derecho

- Puede tener relación con la ingesta y puede acompañarse de vómitos

6. Perfil psicógeno

- Generalmente punzante a punta de dedo e inframamario

- Se acompaña de estado de ansiedad y síntomas de hiperventilación (opresión torácica generalizada, disnea, parestesias, mareo).

Aproximación inicial del paciente con dolor torácico agudo

La aproximación al paciente con dolor torácico requiere identificar los signos de alarma que evidencien una causa grave que requieran un diagnóstico rápido y la toma de medidas que protejan la vida hasta llegar al diagnóstico y tratamiento definitivo. Para ello tomaremos la temperatura, presión arterial, frecuencia cardiaca, frecuencia respiratoria, saturación de oxigeno, auscultación cardiorrespiratoria y realización precoz de ECG de 12 derivaciones.

Los signos y síntomas de alarma son[4]:

- Hipotensión y shock
- Disnea
- Cianosis
- Taquipnea
- Arritmias
- Alteración de la conciencia
- Ausencia de pulsos periféricos
- Signos de focalidad neurológica.

La presencia de disnea, cianosis o taquipnea debe acompañarse de una determinación de la saturación de oxigeno mediante pulsiometría, recordar la correlación con la presión arterial de oxigeno (Tabla 1).

Saturación de O_2	Presión arterial de O_2
> 98%	100 mmHg
95 %	80 mmHg
90%	50 mmHg
80%	48 mmHg

Tabla 1: correlación entre S. O_2 y Pa O_2

La presencia de una saturación igual o menor al 95% requiere el aporte inmediato de oxigeno a concentración y flujo que garantice mantenerla por encima de este porcentaje de saturación. Hay que obtener lo antes posible una gasometría ya que la presencia de hipercapnia empeora con el aporte de oxigeno

La presencia de hipotensión y shock, si se asocia a crepitantes pulmonares debe hacernos pensar en shock cardiogénico y el empleo precoz de drogas vasoactivas. Ante una auscultación sin ruidos patológicos la causa más probable puede estar relacionada con hipovolemia (aneurisma de aorta) fallo de ventrículo derecho (tromboembolismo de pulmón), por lo que es necesario canalizar dos vías periféricas de grueso calibre y aportar volumen durante el diagnóstico. Si se asocia a la abolición del murmullo vesicular en uno de los hemitórax es altamente probable la presencia de un neumotórax a tensión que requiera el drenaje torácico inmediato.

En un paciente con dolor torácico y ECG en el que aparecen alteraciones de la repolarización (segmento ST y onda T) o bloqueo de rama izquierda no conocido, deberá ponerse en marcha el protocolo de síndrome coronario agudo.

Para poder establecer un diagnóstico diferencial adecuado es necesario realizar una correcta historia clínica, exploración y practicar un ECG a todo paciente con dolor torácico, ya que tiene un valor no sólo diagnóstico, sino también pronóstico[5].

Síndrome Coronario Agudo

El síndrome coronario agudo (SCA) incluye un conjunto de cuadros clínicos que son consecuencia de un proceso aterotrombótico coronario que pone en peligro la vida del paciente mediante una angina inestable, infarto agudo de miocardio o muerte súbita, según la cantidad y duración del trombo, la existencia de circulación colateral y la presencia de vasoespasmo en el momento del evento. El síntoma principal que pone en marcha la cascada diagnóstica y terapéutica es la aparición de dolor torácico, y la clasificación de los pacientes se basa en el electrocardiograma (ECG). Se puede encontrar dos categorías de pacientes[6]:

1. Pacientes con dolor torácico agudo y elevación persistente (> 20 min) del segmento ST. Esto se denomina SCA con elevación del ST (SCACEST) y generalmente refleja una oclusión coronaria aguda total. La mayoría de estos pacientes sufrirán un infarto agudo de miocardio con elevación del segmento ST (IAMCEST). El objetivo terapéutico es

realizar una reperfusión rápida, completa y persistente mediante angioplastia primaria o tratamiento fibrinolítico.

2. Pacientes con dolor torácico agudo, pero sin elevación persistente del segmento ST. Estos pacientes suelen tener una depresión persistente o transitoria del segmento ST o una inversión de las ondas T, ondas T planas, seudonormalización de las ondas T o ausencia de cambios en el ECG. La estrategia inicial en estos pacientes es aliviar la isquemia y los síntomas, monitorizar al paciente con ECG seriados y repetir las determinaciones de los marcadores de necrosis miocárdica. El diagnostico del SCA sin elevación del ST (SCASEST) se clasifica, según el resultado obtenido a partir de la determinación de las troponinas, en infarto agudo de miocardio sin elevación del segmento ST (IAMSEST) o angina inestable. En algunos pacientes, se excluirá una cardiopatía isquémica como causa de los síntomas.

La definición universal de infarto de miocardio[7]:

1. Detección de un aumento o descenso de los valores de biomarcadores cardiacos (preferiblemente troponina), con al menos uno de los valores por

encima del percentil 99 del límite de referencia superior, y al menos uno de los siguientes parámetros:

- Síntomas clínicos de isquemia
- Cambios significativos en el segmento ST nuevos o presumiblemente nuevos o bloqueo de rama izquierda nuevo.
- Desarrollo de ondas Q patológicas en el ECG.
- Evidencia por imagen de pérdida de miocardio viable de nueva aparición o anomalías regionales en la motilidad de la pared de nueva aparición.
- Identificación de un trombo intracoronario mediante angiografía o autopsia.

2. Muerte cardiaca con síntomas sugestivos de isquemia miocárdica y cambios del ECG o bloqueo de rama izquierda presumiblemente nuevos, pero la muerte tiene lugar antes de que se produzca liberación de biomarcadores cardiacos o antes de que los valores de biomarcadores cardiacos hayan aumentado.

3. Trombosis intra-stent asociada a infarto de miocardio cuando se detecta por angiografía coronaria o autopsia en el contexto de una isquemia

miocárdica, y con aumento o descenso de los valores de biomarcadores cardiacos, con al menos uno de los valores por encima del percentil 99 del límite de referencia superior.

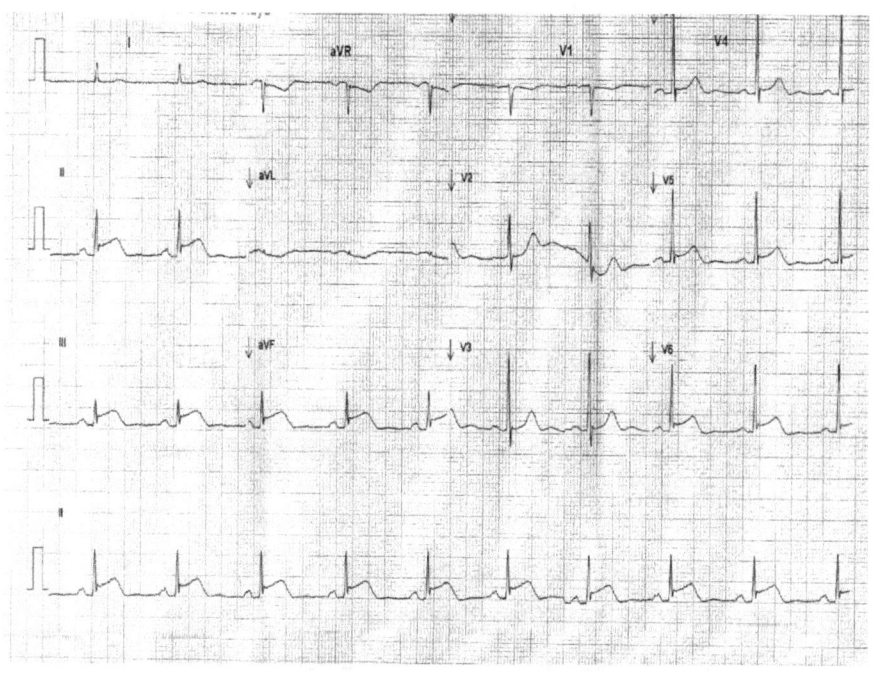

SCA con elevación de ST en territorio inferior

Aneurisma aórtico.

El aneurisma aórtico es una dilatación localizada (fusiforme o sacular) de la aorta de forma que en esa zona el diámetro es, al menos, el doble del normal. La causa más frecuente de aneurisma aórtico es la arterioesclerosis pero existen también aneurismas secundarios a aortitis, enfermedades congénitas del tejido conectivo o traumatismos. La mayoría son asintomáticos y sólo aparecen manifestaciones clínicas cuando: el aneurisma comprime, desplaza o erosiona estructuras vecinas; cuando se diseca o se rompe (con o sin disección previa); o cuando da lugar a fenómenos tromboembólicos tras producirse en él una trombosis mural. Los aneurismas de aorta se suelen dividir en torácicos y abdominales, ya que su etiología y manejo son diferentes[8].

El síndrome aórtico agudo es un proceso agudo de la pared aórtica que afecta a la capa media e incluye la disección aórtica, el hematoma intramural y la úlcera penetrante[9].

El primer síntoma suele ser el dolor debido a la compresión de estructuras musculoesqueléticas. El dolor es usualmente continuo y puede ser extremadamente severo en caso de expansión, disección o amenaza de ruptura. Aumento brusco en la intensidad del dolor son usualmente signos que el aneurisma se está rompiendo. El dolor se localiza en el pecho, la espalda, en el espacio interescapular, frecuentemente irradiado al cuello, al hombro y al abdomen. No es inusual que otras complicaciones del aneurisma, tales como embolismo arterial periférico, sea el primer signo que conduce al diagnóstico[10]

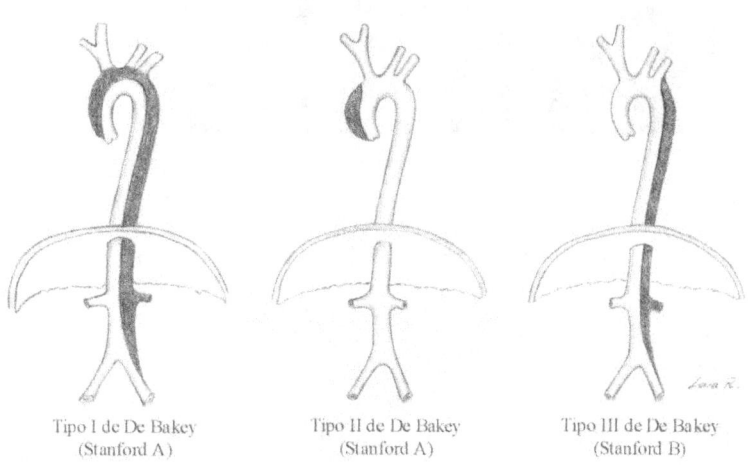

Tipo I de De Bakey (Stanford A)   Tipo II de De Bakey (Stanford A)   Tipo III de De Bakey (Stanford B)

Clasificación de los aneurismas disecantes de aorta

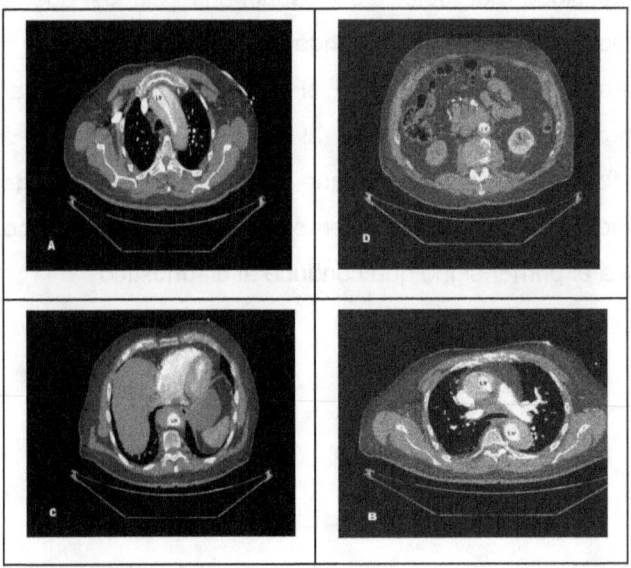

Disección aortica tipo A de Stanford que se origina en la raíz de la aorta y se extiende a los tres troncos supraaórticos hasta ambas arterias iliacas internas y femoral común derecha. (A) Disección a nivel de cayado, (B) a nivel de aorta torácica ascendente y descendente, (C) aorta abdominal por encima de las renales, (D) aorta abdominal a nivel infrarrenal. LV = luz verdadera

Tromboembolismo pulmonar (TEP)

El Tromboembolismo de pulmón (TEP) y la Trombosis venosa profunda (TVP) deben considerarse parte de un mismo proceso fisiopatológico. El 90% de los TEP se originan en el sistema venoso de las extremidades inferiores. Otros orígenes posibles son la vena cava inferior, las cavidades cardíacas derechas, el sistema venoso pélvico profundo, las venas renales y las venas axilares. Los trombos distales de las extremidades inferiores son una causa infrecuente de embolismo clínicamente significativo y casi nunca producen un TEP mortal. Sin embargo, sin tratamiento, un 20-25% de estos trombos progresan hasta el sistema iliofemoral que constituye la fuente de émbolos más frecuente de los pacientes con TEP. El espectro del embolismo pulmonar varía desde un embolismo clínicamente insignificante hasta un embolismo masivo con muerte súbita, dependiendo del tamaño del émbolo y de la reserva cardiorrespiratoria del paciente[11].

En el 90% de los casos la sospecha de TEP se realiza por la presencia de síntomas clínicos como disnea, dolor torácico y síncope, bien solos o en combinación. En diversas series, la disnea, la taquipnea o el dolor torácico se presentaron en más del 90% de los pacientes con TEP. El síncope es raro, pero es una presentación importante de tromboembolismo pulmonar, ya que indican una reducción grave de la reserva hemodinámica. En los casos más graves, puede haber shock e hipotensión arterial. El dolor torácico pleurítico, combinado o no con disnea, es una de las presentaciones más típicas de TEP. El dolor suele estar causado por la irritación pleural debida a infartos pulmonares o a una hemorragia alveolar que a veces se acompañada de hemoptisis. La disnea aislada de comienzo rápido normalmente se debe a un TEP central que tiene consecuencias hemodinámicas más relevantes que el síndrome de infarto pulmonar. Puede estar asociada a dolor torácico retroesternal parecido a angina, que puede ser reflejo de isquemia ventricular derecha[12].

La prevalencia de los síntomas en pacientes con TEP confirmado es: Disnea 80%, Dolor torácico (pleurítico) 52%, Dolor torácico (subesternal) 12%, Tos 20% , Hemoptisis 11%, Síncope 19%. La prevalencia de los signos en pacientes con TEP confirmado es: Taquipnea (≥ 20/min) 70%, Taquicardia (>100/min) 26%, Signos de TVP 15%, Fiebre (> 38,5 °C) 7%, Cianosis 11%[12].

Escala de Ginebra revisada para el diagnostico de TEP [13]

	Puntuación
Factores de riesgo	
Edad > 65 años	1
TVP o TEP previos	3
Cirugía con anestesia general o fractura de miembro inferior el último mes	2
Neoplasia activa	2
Síntomas	
Dolor en un miembro inferior	3
Hemoptisis	2
Signos	
Frecuencia cardiaca	
75-94 lpm	3
> =95 lpm	5
Dolor a la palpación en trayecto venoso y edema unilateral	4

TVP: trombosis venosa profunda; TEP: tromboembolismo pulmonar.

	Probabilidad Clínica
Baja	0-3
Intermedia	4-10
Alta	≥11

La proporción de pacientes con TEP es aproximadamente un 10% en la categoría de baja probabilidad, un 30% en la categoría de probabilidad moderada, y un 65% en la categoría de alta probabilidad clínica[12].

Pericarditis

El espectro de las enfermedades del pericardio incluye alteraciones congénitas, pericarditis (seca, efusiva, efusivoconstrictiva y constrictiva), neoplasias y quistes. La clasificación etiológica comprende: pericarditis infecciosas, pericarditis en el contexto de las enfermedades autoinmunes, síndrome postinfarto de miocardio y pericarditis autorreactivas (crónicas)[14].

La pericarditis aguda puede ser seca, fibrinosa o efusiva, independientemente de su etiología. Pródromos con fiebre, mal estado general y mialgia son frecuentes, pero en los pacientes ancianos puede no aparecer la fiebre. El síntoma principal es la presencia de dolor retroesternal o localizado en el hemitórax izquierdo. El dolor puede irradiar hacia el borde del trapecio, puede ser de características pleuríticas o simular una isquemia, variar con la postura y puede ir unido a sensación de falta de aire (disnea). El roce pericárdico puede ser transitorio, monofásico, bifásico o trifásico[14].

Para el diagnóstico de pericarditis aguda se deben cumplir al menos dos de los siguientes criterios[15]:
- Dolor torácico típico de pericarditis.
- Roce pericárdico.
- Cambios graduales en el electrocardiograma (ECG) como ascenso difuso del ST.
- Aparición o aumento de un derrame pericárdico.

La pericarditis crónica (más de tres meses) incluye las formas efusivas (inflamatorias o hidropericardio en la insuficiencia cardíaca), adhesiva y constrictiva. Los síntomas son generalmente leves (dolor torácico, palpitaciones, disnea) y están relacionados con el grado de compresión cardíaca y de inflamación del pericardio[14].

El término pericarditis recurrente incluye: a) la forma intermitente (en la que hay períodos sin síntomas en ausencia de tratamiento); y b) la forma incesante (en la que el cese de la terapia se sigue de una recaída segura). El derrame pericárdico masivo, el taponamiento franco o la constricción son raras[14,15].

El derrame pericárdico puede aparecer como un trasudado, un exudado, un piopericardio o un hemopericardio. Los derrames severos son frecuentes en las pericarditis neoplásicas, tuberculosas, por colesterol, urémicas, en el mixedema y en las parasitosis. Los derrames que se producen con lentitud pueden ser asintomáticos, mientras que los que se desarrollan con rapidez suelen producir taponamiento con cantidades pequeñas[14]. El cuadro clínico depende de la rapidez y cantidad del derrame, y viene determinada por el bajo gasto cardiaco[16]:

- Disnea progresiva y ortopnea.
- Debilidad, anorexia
- Obnubilación, inconsciencia, síncope

En ocasiones, debuta con las complicaciones: insuficiencia renal (oligoanuria); insuficiencia hepática, isquemia mesentérica.

En la exploración encontramos la triada clásica: hipotensión arterial, pulso paradójico e ingurgitación yugular[16].

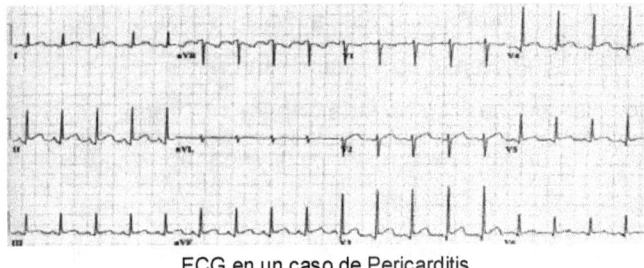
ECG en un caso de Pericarditis

Es debido a la presencia de aire en el espacio pleural, entre las pleuras visceral y parietal. Se puede clasificar según la etiología en[17]:

• Simple: Es el que ocurre en pacientes sanos, sin patología pulmonar preexistente. Otros términos similares son primario, benigno o idiopático.

• Secundario: Es el producido por una enfermedad pulmonar subyacente, siendo la más frecuente la enfermedad pulmonar obstructiva crónica (EPOC), en el 68% de los casos de neumotórax secundario. Hay numerosas patologías que afectan al pulmón que pueden provocarlo.

• Espontáneo: Tanto el neumotórax simple como secundario son llamados frecuentemente en la literatura internacional de esta manera, aunque el término no es correcto ya que sugiere una causa inexistente en su fisiopatología.

Los neumotórax primarios ocurren predominantemente en sujetos jóvenes, varones, y delgados con buen estado de salud. Los neumotórax secundarios se presentan generalmente en pacientes de mayor edad con patología pulmonar conocida. Los síntomas más frecuentes son dolor y disnea. Un menor porcentaje puede tener tos seca o fiebre. El dolor es habitualmente de comienzo brusco, localizado en la región anterior o lateral del hemitórax y aumenta con la tos y los movimientos. La intensidad es variable, no depende de la cantidad de aire que hay en la pleura y generalmente calma en 24 o 48 horas aunque el neumotórax no se trate y no se resuelva. La disnea puede no existir o ser muy importante. En la exploración clínica la tríada clásica es: disminución o ausencia de vibraciones vocales, hipersonoridad o timpanismo y disminución o ausencia de murmullo vesicular. La radiografía simple de tórax es suficiente para hacer el diagnóstico, en ella se puede observar: hiperclaridad, ausencia de trama vascular y visualización del borde del pulmón[18].

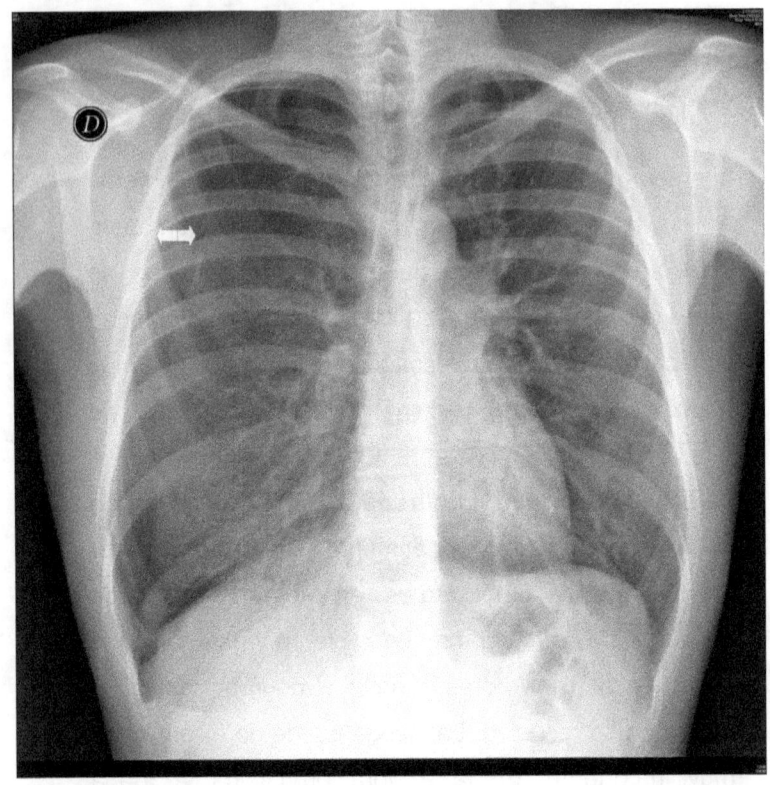

Radiografía simple de tórax en paciente con neumotórax. La flecha indica el aire en el espacio entre la pleura parietal y visceral.

MANUAL DE ENFERMERIA

DEL SÍNTOMA AL DIAGNÓSTICO

CAPÍTULO 3
Dolor Abdominal Agudo

Antonia Morenos Ramos
Francisco Domínguez Moreno

Introducción

El dolor abdominal agudo es uno de los problemas más frecuentes en la práctica diaria. En general representa no menos de una de cada 20 consultas, no relacionadas con trauma, en los servicios de Urgencias de los hospitales generales. Es un problema difícil y complejo, ya que plantea una gran variedad de posibilidades diagnósticas que involucran a diversos órganos y sistemas. Siendo un cuadro clínico que exige un enfoque sistemático y ordenado para establecer un correcto diagnóstico precoz, que es la clave del manejo adecuado del paciente con abdomen agudo. Los dos elementos fundamentales para establecer un diagnóstico son una historia clínica detallada y un examen físico meticuloso[1].

La etiología abarca desde enfermedades banales y autolimitadas hasta procesos que pueden poner en riesgo la vida de los pacientes. Aunque la mayoría de los pacientes tiene cuadros clínicos que no son de gravedad, el error de no identificar a los pacientes graves puede llevar a consecuencias catastróficas. De especial riesgo son los pacientes ancianos, cuya población consulta cada día más en Urgencias debido a la mayor expectativa de vida que ha alcanzado nuestra población y tanto la mortalidad como el error diagnóstico crecen exponencialmente con la edad. Entenderemos por dolor abdominal agudo el dolor referido a ese nivel anatómico, de aparición súbita y de menos de siete días de duración, habitualmente de menos de 48 horas^2.

Aproximación diagnóstica al paciente con dolor abdominal agudo

Para llegar a un adecuado diagnóstico es importante realizar una historia clínica completa y un excelente examen físico, ya que el enfoque del abdomen agudo está basado en un 80% en la historia clínica y el examen físico y un 20% en las pruebas complementarias. Se debe hacer énfasis en las características del dolor, que es el síntoma cardinal en el abdomen agudo; el de causa quirúrgica precede a otros síntomas como vómito, fiebre, náuseas, siendo a la inversa para los dolores de causa médica. Con respecto al dolor se debe preguntar sobre: aparición, localización, irradiación, características, intensidad y síntomas asociados. Indagando acerca de los antecedentes del paciente se puede determinar si este pertenece a la categoría de pacientes especiales, ya que estos requieren una observación y cuidado diagnostico diferentes al de la población general. Los pacientes denominados especiales son[3]:

- Pacientes mayores de 60 años de edad
- Pacientes embarazadas
- Pacientes obesos
- Pacientes inmunosuprimidos
- Pacientes intoxicados
- Niños
- Pacientes con enfermedades sistémicas como: insuficiencia renal crónica, cirrosis hepática, enfermedades hematológicas o que estén recibiendo anticoagulantes, diabetes, neoplasias previas, compromisos sensoriales o medulares
- Pacientes gravemente enfermos con sepsis, o insuficiencia de múltiples órganos.

Desde el punto de vista de su origen, el dolor abdominal puede ser[4]:

1. Intraabdominal, que puede deberse a:
    - Inflamación peritoneal. Esta puede ser primaria en pacientes con ascitis de cualquier causa (con más frecuencia cirróticos) o secundaria a la lesión de una víscera intraabdominal o

pélvica. El dolor en cualquier caso tiene características somáticas.
- Obstrucción de una víscera hueca. El dolor será de tipo cólico, con frecuencia asociado a náuseas y vómitos, siempre más intensos cuando está afectada la porción proximal del intestino delgado.
- Alteraciones vasculares: Suele tratarse de urgencias vitales. La isquemia intestinal suele presentarse en pacientes de edad avanzada, con patología cardiovascular, con una rápida evolución hacia el deterioro sistémico, acidosis metabólica y shock. El aneurisma de aorta abdominal roto se manifiesta con dolor abdominal, irradiado a espalda, flancos o región genital, asociado a hipotensión y shock hipovolémico.

2. Extraabdominal:
   - Las lesiones de pared abdominal (desgarros musculares, hematomas, traumas) se caracterizan porque el dolor aumenta al contraer la musculatura abdominal.
   - En ocasiones la patología intratorácica puede manifestarse con síntomas abdominales. Una neumonía sobre todo basal. La isquemia

miocárdica aguda puede manifestarse como dolor epigástrico, náuseas y vómitos, de ahí la importancia de realizar un ECG a todo paciente con factores de riesgo que presente dolor epigástrico.
- La patología pélvica y el embarazo ectópico suelen producir dolor abdominal agudo.
- La cetoacidosis diabética es la alteración metabólica que con más frecuencia produce dolor abdominal, en este caso es fundamental descartar que el trastorno metabólico sea secundario a alguna patología intraabdominal y no primario.
- Entre las alteraciones radiculares que pueden producir dolor irradiado a abdomen las más frecuentes son el herpes zoster y las alteraciones secundarias a la patología del disco intervertebral.

Estratificación de los pacientes con dolor abdominal

Ya que la etiología varía desde enfermedades banales y autolimitadas hasta procesos que ponen en serio riesgo la vida y siendo necesario en ocasiones establecer una prioridad asistencial en servicios sanitarios con elevada demanda, es útil contar con elementos que permitan no demorar la asistencia a pacientes con procesos de riesgo.

En este sentido consideramos indicadores de gravedad en paciente con dolor abdominal agudo: frecuencia respiratoria <10 ó >30, asimetría de pulsos periféricos, disminución del nivel de conciencia, signos de hipoperfusión tisular, distensión abdominal, hernias dolorosas o no reductibles, heridas o hematomas en la pared abdominal, signos de sepsis, ruidos de lucha o silencio, masa pulsátil, presencia de fibrilación auricular o bradicardia, comienzo muy agudo o dolor muy intenso, dolor que aumenta con el movimiento o defensa a la palpación[5].

Es posible clasificar a los pacientes con dolor abdominal agudo según estadios, como se presenta a continuación[6]:

Estadío 0:

- a. Paciente previamente sano con dolor abdominal agudo cuyo diagnóstico clínico corresponde a una patología leve de manejo médico, por ejemplo una infección urinaria.
- b. Paciente previamente sano con dolor abdominal agudo que no presenta síntomas significativos a la

evaluación, ni hallazgos que sugieran un proceso patológico intraabdominal.

Estadío I:

Paciente con dolor abdominal agudo, con hallazgos clínicos que sugieran un padecimiento intraabdominal pero el diagnóstico no está claro en este momento y además no tienen factores de riesgo. En los cuales es difícil el diagnóstico inicial.

Estadío II:

a. Pacientes con hallazgos clínicos muy sugestivos de una patología intraabdominal aguda que requiere procedimiento médico o quirúrgico para resolver su problema:

b. Pacientes con dolor abdominal agudo con factores de riesgo mencionados.

c. Pacientes con dolor abdominal agudo que necesitan otros estudios diagnósticos para evaluar el dolor abdominal.

Estadío III:

a. Pacientes con dolor abdominal agudo en los cuales no hay duda del diagnóstico, que necesitan

una hospitalización urgente para ser estabilizados y ser sometidos a un procedimiento quirúrgico, como en el caso de la apendicitis aguda.
b. Pacientes con dolor abdominal agudo en los cuales no hay duda del diagnóstico, necesitan una hospitalización urgente para ser estabilizados y ser sometidos a tratamiento médico, como en el caso de la pancreatitis aguda.

Orientación diagnóstica según localización e instauración del dolor

La localización del dolor puede orientarnos a la hora de hacer un diagnóstico diferencial con las posibles causas del mismo (tabla 1 y tabla 2)

Una adecuada anamnesis junto a una cuidada exploración nos permitirán establecer un juicio diagnóstico sobre el que basar unas pruebas diagnósticas juiciosas que nos lleven a un diagnóstico correcto sobre el que establecer el plan terapéutico adecuado.

Manual de enfermería: Del síntoma al diagnóstico

Según la localización del dolor[7]

Localización	Diagnósticos más probables
Hipocondrio derecho	Colecistitis aguda, cólico biliar, úlcera duodenal, absceso hepático, hepatomegalia congestiva, pancreatitis aguda, neumonía con reacción pleural, pielonefritis aguda, cólico nefrítico, síndrome coronario agudo
Epigastrio	Esofagitis, ulcera péptica, colecistitis aguda, pancreatitis aguda, vólvulo gástrico, síndrome coronario agudo
Hipocondrio izquierdo	Vólvulo gástrico, úlcera péptica, perforación gástrica, pancreatitis, neumonía con reacción pleural, pielonefritis aguda, cólico nefrítico, síndrome coronario agudo
Fosa ilíaca derecha	Apendicitis aguda, hernia incarcerada, diverticulitis de Meckel, adenitis mesentérica, cólico nefrítico, salpingitis aguda, embarazo ectópico
Periumbilical	Trombosis mesentérica, pseudoobstrucción intestinal, obstrucción intestinal, aneurisma de aorta, apendicitis aguda, diverticulitis de Meckel
Hipogastrio	Pseudoobstrucción intestinal, patología urogenital
Fosa ilíaca izquierda	Diverticulitis, hernia incarcerada, litiasis renal, salpingitis aguda, embarazo ectópico
Espalda da	Aneurisma aorta abdominal, cólico nefrítico, patología osteomuscular
Sin localización concreta	Obstrucción intestinal, isquemia mesentérica, vólvulo colónico, gastroenteritis, intoxicación alimentaria, cetoacidosis diabética, porfirias, intoxicación por plomo, intoxicación por alcohol metílico

Tabla 1: relación entre la localización del dolor y las causas más probables

Según la forma de instauración del dolor[7]

Modo de aparición	Diagnósticos más probables
Instauración brusca	Embolia mesentérica, vólvulo colónico o gástrico, perforación de úlcera péptica, infarto de algún órgano abdominal, cólico biliar, aneurisma aórtico o disección aortica, rotura de embarazo ectópico, cólico nefrítico, síndrome coronario agudo
Instauración rápida	Trombosis arterial o venosa mesentérica, perforación de víscera hueca, estrangulación de víscera hueca, pancreatitis, colecistitis aguda, cólico biliar, diverticulitis, apendicitis, obstrucción intestinal alta, cólico renoureteral
Instauración gradual	Obstrucción intestinal, apendicitis, hernia abdominal estrangulada, colecistitis, pancreatitis, diverticulitis, perforación, tumor digestivo, isquemia intestinal, gastroenteritis, retención urinaria, obstrucción intestinal baja, salpingitis

Tabla 2: relación entre el modo de instauración y diagnóstico más probable

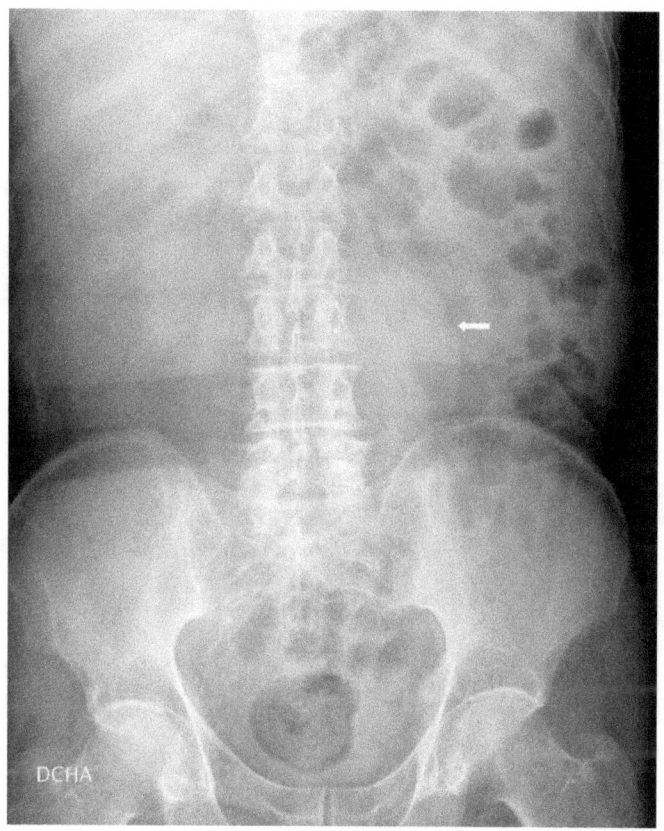

Radiografía simple de abdomen que muestra la imagen de un aneurisma de aorta abdominal (flecha), el paciente consulto por dolor abdominal y presentaba masa pulsátil a la palpación.

MANUAL DE ENFERMERIA

DEL SÍNTOMA AL DIAGNÓSTICO

CAPÍTULO 4

Fiebre

Francisco Domíngiez Picón
Francisco Domínguez Moreno

Introducción

La fiebre constituye el paradigma de síntoma que puede aparecer en múltiples patologías, desde procesos banales a los que pueden poner en riesgo la vida del paciente. Es muy frecuente que aparezca junto a otros síntomas más o menos llamativos para el paciente y que puedan orientar sobre su etiología. Por ello a la hora de abordar los casos con fiebres, la historia clínica debe ser muy detallada y la exploración muy completa, incluyendo todos los órganos y aparatos.

Lo primero será definir que es fiebre y diferenciarla de otros términos que afectan a la temperatura corporal:

- Fiebre es la elevación de la temperatura corporal por encima de los límites normales (36,8 + 0,4 °C rectal, + 0.5-0.6 °C axilar), por desequilibrio entre producción (músculo, hígado) y eliminación de calor, teniendo en cuenta la existencia del ritmo circadiano con mínimo a las 6:00 horas y máximo a las 18:00 horas. Supone 5-10% de las urgencias hospitalarias[1]. En la fiebre el punto de ajuste de la temperatura interna a nivel hipotalámico está elevado, conservándose los mecanismos del control de la temperatura; por consiguiente se conserva el ciclo circadiano de la misma[2].

- Hipertermia: es el aumento de la temperatura corporal cuando fallan los mecanismos de control de la temperatura, de manera que la producción de calor superan a la pérdida del mismo, estando el punto de ajuste hipotalámico en niveles normotérmicos[2].
- Fiebre hipotalámica o central: en estos casos el punto de equilibrio hipotalámico esta elevado debido a una afección local (traumatismo, infarto, tumor, encefalitis, etc). Esta fiebre se caracteriza por la ausencia de variación circadiana, anhidrosis uni o bilateral, resistencia a los antipiréticos con respuesta exacerbada ante las medidas de enfriamiento externo y disminución del nivel de consciencia[2].
- Hiperpirexia: es un aumento de la temperatura hasta llegar o superar los 41 o 41.5ºC., lo que supone alcanzar los límites de temperatura que puede tolerar el cuerpo humano. Es una situación grave que si se prolonga, comienza a producir daños tisulares, especialmente en el tejido nervioso.
- Distermia: es la elevación de la temperatura que no suele superar lo 38ºC, consecuencia de distonía neurovegetativa.

Clasificación de la fiebre

Cuando en el paciente que consulta por fiebre este es el único síntoma y no hay datos que orienten al origen, hablamos de fiebre de causa no conocida. En estos casos podemos clasificarlos en[3]:

- Fiebre de corta duración (FCD): Fiebre de causa no conocida de menos de 7 días de duración, sin antecedentes de ingreso hospitalario reciente ni de proceso o tratamiento que pueda dar lugar a inmunodeficiencia.
- Fiebre de origen desconocido (FOD): fiebre superior a 38,3°, de más de tres semanas de duración, sin poder identificar la causa tras al menos tres días de estudios en un hospital, tres visitas ambulatorias o una semana de evaluación. Se han definido dentro de ella tres nuevas categorías especificas:
    - FOD en paciente con infección por VIH,
    - FOD en enfermo con con neutropenia.
    - FOD nosocomial.

En cada uno de los grupos el diagnóstico diferencial varía. Incluye también la denominada FOD episódica o recurrente, como FOD con patrón fluctuante e intervalos de apirexia de al menos 2 semanas.

- Fiebre prolongada sin foco o de duración intermedia. Situación clínica en la que existe una temperatura superior a 38º C, diaria o intermitente, sin focalidad clínica, con una duración entre 1 y 4 semanas, sin antecedentes de estancia hospitalaria, de inmunodeficiencia u otra enfermedad subyacente crónica que pueda ocasionar la presencia de fiebre, y que después de una evaluación clínica y complementaria elemental (hemograma, orina y radiografía de tórax) permanece sin orientación diagnóstica.

Causas de fiebre

Las causas de fiebre de origen desconocido se pueden agrupar en tres grandes categorías: enfermedades infecciosas, enfermedades reumatológicas y neoplasias. Las causas específicas y el estudio diagnóstico son diferentes según la población de pacientes. En el huésped normal las causas comunes infecciosas incluyen la tuberculosis o un absceso intraabdominal o pélvica, osteomielitis, endocarditis. Dentro de la esfera reumatológica tenemos las vasculitis, siendo una de las más comunes la arteritis de la temporal; otras vasculitis, tales como la granulomatosis de Wegener o el lupus eritematoso sistémico y la enfermedad de Still del adulto. La neoplasia maligna más frecuente asociada a fiebre de origen desconocido es el linfoma; el carcinoma de células renales, cualquier tumor maligno que de metástasis en el hígado y la leucemia son otras causas frecuentes. Una cuarta categoría de causas diversas incluye fiebre por drogas, fiebre ficticia, tiroiditis subaguda, hematomas, trombosis venosa profunda, enfermedades tromboembólicas y feocromocitoma[4].

Podemos agrupar las causas de aumento de la temperatura en un adulto en la siguiente clasificación[5]:

1. Causas de hipertermia
   - Trastornos por aumento en la producción de calor:
     - Hipertermia por ejercicio
     - Hipertermia maligna.
     - Sindrome neuroléptico maligno.
     - Sindrome serotoninérgico.
     - Intoxicación por salicilatos o litio.
     - Drogas: cocaína, anfetaminas y derivados, alucinógenos.
     - Tirotoxicosis, feocromocitoma, delirium tremens.
   - Trastornos por disminución de la pérdida de calor:

- Golpe de calor clásico.
- Disfunción autonómica: lesión medular, síndrome de Parkinson, diabetes.
- Drogas anticolinérgicas.
- Enfermedades sistémicas que dificultan la sudoración.

2. Causas de síndrome febril
   - Infecciones: bacterias, micobacterias, virus, hongos, parásitos.
   - Neoplasias:
     - Tumores sólidos y metástasis: riñón, hígado, ovario y carcinomatosis.
     - Hematológicos: linfomas, leucemias.
   - Colágeno- vasculares:
     - Vasculitis: arteritis temporal, panarteritis nodosa, granulomatosis de Wegener.
     - Colágeno: artritis reumatoide, lupus eritematoso sistémico, enfermedad Still del adulto.
   - Endócrino- metabólicas: tiroiditis, tirotoxicosis, feocromocitoma.
   - Necrosis tisular: infarto pulmonar, infarto cerebral, traumatismo extenso, grandes hematomas, gangrena.
   - Fármacos: antimicrobianos (betalactam.), tuberculostáticos, cardiovasculares (alfa-

metildopa), anticomiciales (fenitoina), antineoplásicos, inmunomoduladores.
- Miscelánea: sarcoidosis, hepatitis granulomatosa, pericarditis, fiebre ficticia o provocada o simulada.

Valoración del paciente con fiebre

Ante el paciente con fiebre es necesaria una valoración detalla y minuciosa[6]:

1. Historia clínica. Existen pocas situaciones en las que sea tan importante como en la fiebre investigar antecedentes epidemiológicos: contactos con animales, viajes (paludismo), consumo de fármacos, intervenciones (dentales, quirúrgicas, prótesis), exposición a tóxicos, contactos de riesgo, aficiones, dieta (carne cruda, lecha, huevos), profesión. Semiología: forma de inicio, tiempo de evolución, predominio horario, respuesta a antitérmicos, repercusión clínica, sintomatología asociada (escalofríos, tiritonas), existencia de otros casos en su entorno.
2. Exploración física: la temperatura deberá tomarse siempre en el mismo lugar (las más seguras son las

rectales). Exploración completa buscando posible origen:
- Constantes vitales, inspección general (exantemas, ictericia, escaras/heridas, picaduras, estigmas cutáneos sugestivos de endocarditis).
- Cabeza y cuello: exploración ORL, rigidez de nuca y signos de meningismo, adenopatías, palpación senos paranasales, pulsos arterias temporales.
- Auscultación cardiopulmonar: soplos, roces, ruidos pulmonares.
- Abdomen: palpación, auscultación, megalias, palpación renal bimanual.
- Tacto rectal (prostatitis) y exploración genital.
- Exploración neurológica completa.
- En hospitalizados: revisar vías venosas, catéteres, drenajes, sondas.

En la atención al paciente con fiebre es importante, ya que la etiología es muy diversa e incluye desde patologías banales hasta de riesgo vital, detectar los signos y síntomas que alerten sobre la gravedad del proceso febril[7].

- Signos de inestabilidad hemodinámica y mala perfusión periférica que hagan sospechar la presencia de shock séptico.
- Signos de coagulación intravascular diseminada (petequias).
- Signos meníngeos, alteración del nivel de conciencia o convulsiones.
- Signos de abdomen agudo.
- Signos de insuficiencia respiratoria o cardiaca.
- Presencia de hiperpirexia (temperatura mayor de 41,1 ºC).

Golpe de calor

Se trata de una emergencia médica con tasas de mortalidad que oscila entre un 10 a un 15%. Es consecuencia de la elevación de la temperatura corporal por encima de 40,5 ºC debida a que el organismo no puede disipar un importante aumento del calor ambiental. Se puede asociar a complicaciones tales como el síndrome de distrés respiratorio, coagulación intravascular diseminada, fracaso renal o hepático, hipoglucemia, rabdomiolisis, convulsiones y coma[8].

Existen dos formas de golpe de calor[9]:

- La forma clásica se presenta en condiciones de alta temperatura y humedad ambiental. Las víctimas usualmente son ancianos que viven en hogares con una ventilación deficiente. No hay sudoración en un 85% de los pacientes. Generalmente se instaura lentamente, en uno o dos días, y va precedido de síntomas inespecíficos (letárgica, debilidad, vómitos), a lo que se suele añadir clínica de descompensación de su enfermedad de base.
- La forma asociada con el ejercicio ocurre en jóvenes sanos que han realizado ejercicio intenso en ambientes muy calurosos. Están predispuestos a desarrollar rabdomiolisis y fallo renal agudo. Suele debutar con alteración del nivel de conciencia y se instaura de forma rápida, horas e incluso minutos. Con tratamiento adecuado tiene mejor pronóstico que la forma clásica.

Hipertermia maligna

Es un síndrome de carácter hereditario y poco frecuente que afecta fundamentalmente al músculo esquelético. Tiene lugar un hipermetabolismo desencadenado por la alteración aguda del equilibrio del calcio en el sarcoplasma de la célula muscular. Esta alteración tiene lugar como consecuencia de la exposición a determinados fármacos, fundamentalmente usados anestesia general. La mayor incidencia aparece en la población infantil y de adultos jóvenes, así como, se ha encontrado que existe un mayor número de casos en el sexo masculino[10].

La hiperpirexia maligna se caracteriza por[11]:

- Fiebre que puede llegar hasta 42° C, con mayor mortalidad cuanto mayor sea la temperatura.
- Contractura de los músculos maseteros que da lugar a trismus en el 80 % de los casos.
- Contractura muscular generalizada.
- La piel se torna grisácea, cianótica (hipoxemia) y muy caliente, con diaforesis intensa.
- Taquicardia o taquiarritmias.
- La presión arterial inicialmente alta por exceso de estimulación simpática, después desciende por depresión cardiaca y acidosis.
- Taquipnea con hiperventilación.
- Exantema en el cuello y tórax.

- La gasometría revela hipoxemia, hipercapnia y acidosis.

- En los exámenes de laboratorio hay aumento de los niveles séricos de potasio, calcio, creatinfosfoquinasa y sodio.

Síndrome neuroléptico maligno.

El síndrome neuroléptico maligno (SNM) es una complicación clásicamente relacionada con la medicación neuroléptica, aunque actualmente se sabe que puede aparecer asociado a otros fármacos. Es una enfermedad poco frecuente, pero a su vez muy temida debido a su gravedad y elevada mortalidad. El SNM es el resultado de una compleja interacción entre fármacos que actúan sobre las vías dopaminérgicas en un sujeto susceptible. Pese a no conocerse con exactitud el mecanismo fisiopatológico, se han propuesto dos teorías para explicar la fisiopatología del mismo. La primera está en relación con el aumento de la termogénesis provocada por la depleción/bloqueo de dopamina en las vías dopaminérgicas, La segunda teoría está en relación con las similitudes a la hipertermia maligna, se estima que los neurolépticos y otros fármacos pueden producir en el músculo esquelético un estado tóxico/hipermetabólico asociado a un incremento de la liberación de calcio desde el retículo sarcoplasmático[12].

Se desarrolla alteración de conciencia, lo más frecuente es obnubilación, confusión y catatonia, pudiendo evolucionar hacia el coma. El paciente desarrolla inestabilidad autonómica caracterizada por hipertermia (generalmente mayor a 38°C), inestabilidad hemodinámica con hipotensión, diaforesis, taquicardia e incontinencia urinaria. Se presentan síntomas piramidales, como hipertonía de predominio axial, llegando incluso al opistótono, postura flexora o extensora y alteración de los reflejos, incluyendo la aparición del reflejo de Babinski. Pueden aparecer síntomas extrapiramidales como: temblor, disartria y disfagia. Se establece como criterios diagnósticos la presencia de: hipertermia e hipertonía acompañada por 2 ó más de los síntomas descritos. En una amplia revisión se encontró que en un 98% de los casos los primeros síntomas son la hipertonía y cambios en el estado mental[13].

MANUAL DE ENFERMERIA

DEL SÍNTOMA AL DIAGNÓSTICO

CAPÍTULO 5

Cefalea

Francisco Domíngiez Picón
Antonia Morenos Ramos

Introducción

La cefalea es uno de los motivos de consulta más frecuente no sólo como consulta a demanda, sino también en el área de urgencias. Su importancia en el ámbito de la salud pública radica en su alta prevalencia (3 millones de migrañosos, de los cuales el 7% son varones y el 17% son mujeres). Otro punto relevante es la afectación de la calidad de vida que provoca (por su limitación por problemas físicos, dolor corporal y función social según la aplicación del SF-36 y otros test) y la repercusión socioeconómica que supone (coste económico de 977,49 millones de euros/año en productividad y un 25% más de costes indirectos). Según encuestas realizadas en Atención Primaria, un 12% de pacientes requieren baja laboral[1].

Con el término cefalea, se designa a toda sensación dolorosa localizada en la bóveda craneal, desde la región frontal hasta la occipital, aunque en numerosas ocasiones, también se aplica a dolores de localización cervical y facial. Si bien la cefalea en la mayoría de los casos se trata de una entidad clínica en sí misma, debe ser considerada desde el inicio como un síntoma, con el fin de abordar un correcto enfoque bio-psico-social que nos facilitará el manejo del paciente que presente este problema[2].

Clasificación

La Sociedad Internacional de Cefalea publicó la clasificación y criterios diagnósticos operacionales de los desordenes de cefalea, a continuación se presenta una versión abreviada[3]:

- Migraña
    - Migraña sin aura
    - Migraña con aura
    - Migraña oftalmopléjica
    - Migraña retiniana
    - Síndromes periódicos de la infancia
    - Complicaciones de la migraña
        - Estado migrañoso
        - Infarto migrañoso
- Cefalea tensional
    - Cefalea tensional episódica
    - Cefalea tensional crónica
- Cefalea en racimos o hemicraneal crónica proximal
- Cefaleas misceláneas sin asociación con lesión estructural

- Cefalea asociada con trauma de cráneo
- Cefalea asociada con desordenes vasculares
- Cefalea asociada con desordenes intracraneales no vasculares
- Cefalea asociada con abuso de sustancias o síndrome de abstinencia
- Cefalea asociada con desordenes metabólicos
- Cefalea o dolor facial asociado con desordenes del cráneo, cuello, ojos, u otras estructuras craneales o faciales
- Neuralgias craneales.

El diagnóstico de la migraña es fundamentalmente clínico, para hacer el diagnóstico de migraña se exigen los criterios de la International Headache Society, que define la migraña sin aura y con aura[4].

1. Migraña sin aura y dolor no intenso: (al menos 5 episodios de cefalea con las siguientes características:
    - Duración de 4 a 72 horas
    - Cefalea con al menos dos de las siguientes características:
        - Unilateral
        - Pulsátil
        - Intensidad intermedia a grande

- Empeora con la actividad física
- Durante la cefalea al menos uno de los siguientes síntomas acompañantes
    - Náuseas, vómitos o ambos
    - Fotofobia y sonofobia
- La historia clínica y la exploración física y neurológica no sugieren que corresponda a una cefalea secundaria.

2. Migraña con aura: (al menos 2 episodios de migraña seguidos, acompañados o precedidos de síntomas neurológicos focales (aura) con tres de las siguientes características):
    - Aparición gradual durante más de 4 minutos
    - No persisten más de 60 minutos
    - Son totalmente reversibles
    - Se siguen de cefalea en menos de una hora

La cefalea tensional es holocraneal, no incapacita, no empeora con el esfuerzo y no se acompaña de cortejo vegetativo, fotofobia ni sonofobia[4].

La cefalea en racimos (cluster headache) o cefalea de Horton es siempre unilateral, periocular, se acompaña de signos vegetativos (lagrimeo, miosis, enrojecimiento conjuntival, obstrucción y secreción nasal) e inquietud, junto con intenso dolor en ojo que puede despertar por la noche. Aparecen de uno a ocho episodios al día, de 30 a 120 minutos de duración[4].

La hemicránea paroxística crónica afecta a mujeres, no se acompaña de signos vegetativos, pueden presentarse hasta 30 episodios al día de 5-20 minutos de duración, no impide el sueño y cede con indometacina[4].

La cefalea cervicogénica es siempre unilateral, se acompaña de sintomatología cervical, el dolor se inicia en la parte posterior, existiendo desencadenante cervical y dolor a la presión de la nuca [4].

Aproximación al paciente con cefalea

En la evaluación de un paciente que solicita atención por padecer cefalea, el primer objetivo es diferenciar si se trata de una cefalea secundaria, en cuyo caso deberemos identificar su causa, o una cefalea primaria[4].

1. Cefaleas Secundarias (graves)
    - Hipertensión intracraneal de cualquier causa
    - Infecciones del sistema nervioso central
    - Hemorragia subaracnoidea
    - Arteritis de la temporal

- Cefalea secundaria a hipoglucemia, intoxicación por monóxido de carbono, feocromocitoma o hipertensión maligna.

- Glaucoma agudo

- Trastornos de otras estructuras craneales

- Traumatismos craneales

2. Cefaleas Primarias (benignas pero intensas)
   - Migraña

   - Cefalea en racimos

   - Cefalea tensional

   - Hemicránea paroxística crónica

   - Cefalea benigna provocada por el ejercicio, el orgasmo y otras

Si la historia clínica y la exploración física o neurológica son sugestivas de cefaleas secundarias, debe ser descartada mediante las exploraciones adecuadas.

Signos de alarma en un paciente con cefalea[5]:

- Cefalea intensa de comienzo agudo, insólita.

- Empeoramiento reciente de cefalea crónica.
- Cefaleas de frecuencia o intensidad crecientes.
- Cefalea siempre del mismo lado, excepto: cefalea en racimos, hemicránea paroxística, neuralgia trigeminal, hemicránea continua
- Con manifestaciones acompañantes: alteración psíquica, crisis comiciales, focalidad neurológica, papiledema, fiebre, signos meníngeos, náuseas y vómitos que no se puedan explicar por enfermedad sistémica (excepto migraña).
- Precipitada por esfuerzo, tos o cambio postural.
- Cefalea en edades extremas.
- Características atípicas o sin respuesta al tratamiento correcto.
- Presentación predominantemente nocturna, salvo en la cefalea en racimos.
- Cefalea en pacientes oncológicos o inmunodeprimidos

Las recomendaciones del grupo de estudios de cefaleas de la Sociedad Española de Neurología para abordar el estudio del paciente con cefalea son[6]:

1. Anamnesis:
   - Edad de inicio (en los casos recurrentes-crónicos)
   - Historia personal y familiar
   - Modo de presentación (agudo, subagudo o crónico)
   - Cualidad del dolor (pulsátil, sordo, opresivo, lancinante)
   - Intensidad del dolor (leve, moderado, incapacitante)
   - Localización del dolor
   - Duración y frecuencia de los episodios
   - Factores precipitantes o agravantes
   - Síntomas asociados (náuseas, foto-fonobia, crisis, fiebre)
   - Experiencias terapéuticas previas, tanto positivas como negativas)
   - Automedicación (fármacos, dosis, duración)
   - Estudios diagnósticos previos
   - Situación anímica del paciente
   - Motivo por el que consulta "en ese momento concreto"
2. Exploración neurológica básica
   - Nivel de conciencia (alerta, somnoliento, obnubilado, comatoso)

- Funciones intelectivas (preservadas, o alteradas)
- Lenguaje (emisión, comprensión, repetición)
- Campimetría
- Motilidad ocular, tanto extrínseca como intrínseca
- Fondo de ojo
- Pares craneales
- Signos meníngeos
- Vías motoras y sensitivas
- Coordinación, cerebelo y marcha
- Palpación de pulsos de la arteria temporal superficial

Con los datos de la historia clínica y de la exploración se elaborara un juicio diagnóstico que permitirá establecer el plan de pruebas complementarias para alcanzar el diagnóstico: estudios analíticos, neuroimagen (TC con y sin contraste, RM, angio-TC y angio-RM), electroencefalografía, punción lumbar.

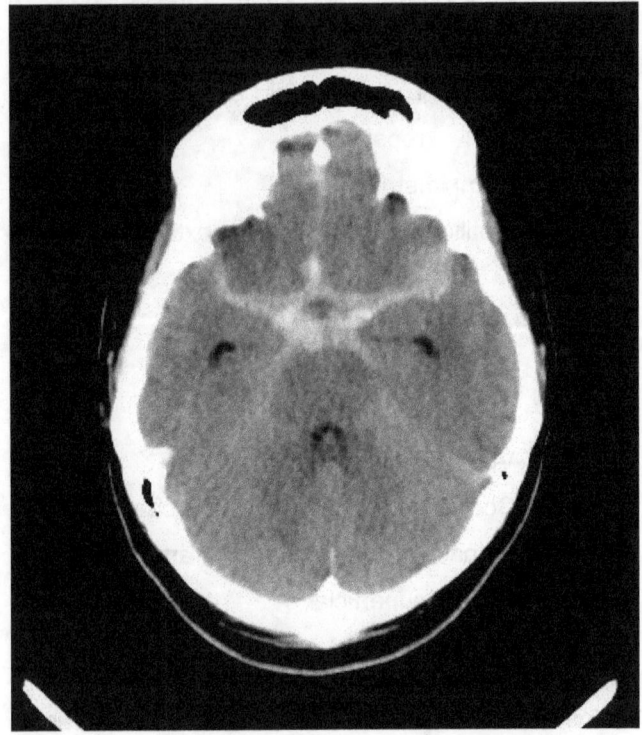

TC de cráneo que muestra hemorragia subaracnoidea en una paciente que presento cefalea brusca e intensa tras esfuerzo y con escasa respuesta a analgésicos; se acompaño de náuseas y vómitos.

MANUAL DE ENFERMERÍA

DEL SÍNTOMA AL DIAGNÓSTICO

CAPÍTULO 6

Coma

Antonia Moreno Ramos
Francisco Domínguez Picón

Introducción

Para poder hablar de alteraciones del nivel de conciencia es necesario definirla. La conciencia es el estado en que la persona se da cuenta de si misma y del entorno que le rodea, lo que supone que el sujeto está alerta, despierto y con una actitud mental intelectiva y afectiva suficiente para poder integrar y responder a los estímulos externos e internos. La valoración del nivel de conciencia puede hacerse desde dos perspectivas: cualitativa que se basa en valorar el estado de conciencia en función de la alerta y el contenido; y cuantitativa que se basa en aplicar una escala del nivel de respuesta a diversos estímulos[1].

Las situaciones clínicas en las que existe una alteración cualitativa del estado de conciencia son[2]:

- Obnubilación: estado en el cual la persona es incapaz de pensar con la claridad y rapidez habituales, su pensamiento es incoherente y presenta períodos de irritabilidad o excitabilidad alternados con otros de ligera somnolencia.

- Somnolencia: el paciente se halla semidormido, pero se despierta con rapidez y realiza movimientos de defensa ante estímulos dolorosos. Le resulta difícil cumplir órdenes sencillas y su habla se limita a palabras sueltas o frases cortas.
- Estupor: las actividades mentales y físicas se hallan reducidas al mínimo. El paciente sólo se despierta ante estímulos vigorosos y sus respuestas son lentas e incoherentes.
- Coma: máxima degradación del estado de conciencia. Estado en el que el individuo tiene incapacidad para responder ante estímulos de cualquier modalidad e intensidad, sin que puedan despertarlo.

Entre las escalas más conocidas y difundidas para valorar el nivel de coma, se encentra la escala de coma de Glasgow (EG) que evalúa tres niveles de observación clínica: la respuesta ocular, la respuesta verbal y la respuesta motora.

Escala de Glasgow

Respuesta ocular (RO)	puntuación
Espontánea	4
A estímulos verbales	3
Al dolor	2
Ausencia de respuesta	1

Respuesta verbal (RV)	puntuación
Orientado	5
Desorientado/confuso	4
Incoherente	3
Sonidos incomprensibles	2
Ausencia de respuesta	1

Respuesta motora (RM)	puntuación
Obedece ordenes	6
Localiza el dolor	5
Retirada al dolor	4
Flexión anormal	3
Extensión anormal	2
Ausencia de respuesta	1
Total: RO + RV + RM	Mínima puntuación: 3, Normal: 15, Coma grave: menor o igual a 8

Las limitaciones que debemos considerar a la hora de aplicar y medir el grado de coma mediante la EG son: edema de párpados, afasia, intubación orotraqueal, inmovilización o parálisis de algún miembro, tratamiento con sedantes o relajantes[3].

Clasificación y etiología del coma[4, 5]

1. Lesiones localizadas cuando la alteración del nivel de conciencia se acompaña de signos focales según el nivel de la lesión.
    1.1. Lesiones supratentoriales. Produce aumento de la presión intracraneal con desplazamiento de los hemisferios, provocando su herniación y la lesión secundaria del tronco cerebral. Aparecen signos focales propios de la lesión y un coma de instauración paulatina
        - Hematoma epidural y subdural
        - Hemorragia intraparenquimatosa
        - Infarto cerebral
        - Trombosis de senos venosos y venas cerebrales
        - Empiema subdural
        - Apoplejía hipofisaria

- Tumores primarios o metastáticos
- Hidrocefalia

1.2. Lesiones infratentoriales. Produce daño directo sobre el tronco cerebral, el coma es de rápida instauración y pueden aparecer signos focales propios de la lesión en el tronco.
- Hematoma epidural y subdural de fosa posterior
- Hemorragia pontina o cerebelosa
- Infarto tronco cerebral y cerebelo
- Tumores primarios o metastáticos
- Lesiones desmielinizantes: esclerosis múltiple, mielinólisis central pontina, encefalomielitis aguda diseminada

2. Lesiones difusas. Producen alteración de conciencia por afectar de forma difusa el funcionamiento de los hemisferios cerebrales, el coma es de instauración progresiva y sin signos neurológicos de lesión estructural. Son frecuentes los movimientos involuntarios: mioclonías, asterixis, temblor y las convulsiones multifocales.
- Hipoxia, isquemia cerebral
- Hemorragia subaracnoidea y hemorragia intraventricular
- Hipoglucemia

- Alteraciones hidroelectrolíticas y del equilibrio ácido-base.
- Déficit vitamínico
- Enfermedades renales, hepáticas, pulmonares, endocrinas, sistémicas
- Drogas, fármacos y tóxicos
- Infecciones: meningitis, encefalitis meningoencefalitis y sepsis
- Trastornos físicos: golpes de calor, hipotermia
- Estado post-comicial
- Enfermedades primarias del SNC: priones, Marchiafava-Bignami, adrenoleucodistrofia, gliomatosis cerebral, leucoencefalopatía multifocal progresiva
- Crisis comicial, estado postcrítico

Aproximación al paciente en coma

Ante un paciente inconsciente o en coma seguiremos los principios del soporte vital. Una vez confirmada la presencia de inconciencia realizaremos la apertura de la vía aérea, mediante la maniobra frente mentón (en los pacientes con traumatismo mediante tracción mandibular). Una vez abierta la vía aérea aproximaremos la mejilla a la boca del paciente para confirmar si existe respiración, en caso de no respirar hay que realizar dos insuflaciones boca a boca si no se dispone de otro medio. Tras la valoración de la respiración comprobamos si hay pulso central, a nivel de carótida, en caso de estar ausente nos encontramos en un caso de parada cardiorrespiratoria que requiere realizar las medidas de reanimación cardiopulmonar, alternando ventilación y compresiones torácicas a ritmo de 30 compresiones/2 ventilaciones.

Es importante señalar que ante una persona en coma es urgente realizar una determinación de glucemia basal ya que el coma por hipoglucemia es una urgencia médica. Debe administrarse lo antes posible glucosa hipertónica por vía intravenosa ya que la hipoglucemia puede dar lugar a lesiones cerebrales irreversibles.

El paciente en coma que no tiene comprometida la vía aérea y mantiene pulso arterial con gasto cardiaco adecuado, si es atendido en la vía pública o domicilio, debe ser colocado en posición lateral de seguridad hasta la llegada de los servicios sanitarios. En esta posición se asegura la apertura de la vía aérea disminuyendo el riesgo de broncoaspiración.

El paciente en coma con EG igual o menor de 8, tiene en riesgo la vía aérea y en estos casos la colocación de una cánula de guedel permite garantizar la apertura de la vía aérea. Sin embargo, en esto casos la vía aérea no está aislada existiendo riego de brocoaspiración por lo que está indicada la intubación orotraqual.

Otras alteraciones de la respiración que pueden presentarse en un paciente en coma son:

- Hiperventilación central neurogénica. Es una respiración rápida sostenida que oscila entre 40 y 70 respiraciones por minuto e indica por lo general lesiones bilaterales de la unión pontomescencefálica.
- Respiración de Cheyne – Stokes. En ella el patrón es una respiración periódica en la que las fases de hiperpnea alternan de manera regular con pausas de apnea. Una serie de respiraciones van aumentando de amplitud seguida de otra serie de respiraciones de amplitud decreciente hasta un nuevo período de apnea. Se observa en la agonía, el coma urémico, la insuficiencia cardiaca y la hipertensión intracraneal.
- Respiración apneúsica. Se caracterizada por períodos de apnea durante la inspiración que pueden durar entre 2 y 3 segundos, seguidos por una espiración que también puede tener un período corto de apnea.

- Respiración atáxica. Patrón respiratorio completamente irregular en el que tanto las respiraciones profundas como superficiales ocurren al azar. Aparece en lesiones en la formación reticular de la parte dorsomedial del bulbo.

Además de evaluar la vía aérea y la respiración, se deben tomar la presión arterial, frecuencia cardiaca y temperatura.

El examen pupilar es de gran interés en la valoración del paciente en coma, se evaluara el tamaño, simetría y reacción a la luz. Las pupilas de igual tamaño (isocóricas) y que responden a la luz (normorreactivas) son indicativas de indemnidad del tronco cerebral. Las pupilas dilatadas (midriáticas) que no responden a la luz sugieren daño cerebral severo, cuando si responden a la luz pueden ser debidas a efecto farmacológico o tóxico. Si en el paciente aparece asimetría pupilar con una pupila dilatada que no responde a la luz, debemos sospechar compresión del III par por herniación cerebral, lo que constituye una urgencia médica que requiere actuación inmediata. Las pupilas mióticas pueden deberse a lesión neurológica central o acción de tóxicos.

Se debe valorar la posición de la cabeza y de los ojos. Los pacientes que miran hacia el lado contrario de sus extremidades afectadas presentan lesiones supratentoriales (miran la lesión). Los pacientes que miran sus extremidades afectas presentan lesión infratentorial. Una desviación de los ojos hacia abajo y adentro indica daño a nivel talámico o mesencefálico. Los movimientos oculares provocados por el giro de la cabeza del paciente son reflejos óculo-cefálicos y por la instilación de agua helada por uno de los conductos auditivos son reflejos óculo-vestibulares. Si en los primeros, al girar la cabeza bruscamente sigue mirando hacia delante (los ojos se mueven conjugadamente en dirección contraria al movimiento) indica que tiene conservados los reflejos a nivel del tronco cerebral y de igual manera si al introducir agua fría por un conducto auditivo, los ojos miran hacia el lado irrigado[2].

La exploración incluirá la fuerza muscular, los reflejos, la exploración de la sensibilidad y pares craneales. Se valorara la presencia de movimientos espontáneos (convulsiones, mioclonías) o tras estimulación (flexión o extensión de las extremidades que indicaran decorticación en el primer caso y descerebración en el segundo). Cuando estimulamos la planta del pie (reflejo de Babinski) los dedos deben flexionarse. Cuando el primer dedo del pie se mueve en extensión y los otros dedos se abren en abanico, indica daño en las vías nerviosas que conectan la médula espinal y el cerebro (fascículo corticoespinal).

En este cuadro clínico la historia clínica es tan importante como a la hora de abordar cualquier otro proceso clínico, pero debemos tener en cuenta que a veces el nivel de conciencia del sujeto no permitirá realizarla. En estos casos los datos facilitados por la familia o por testigos será la única información con la que contemos, lo que junto a la expiración nos permitan establecer el diagnóstico diferencial sobre el que decidiremos los estudios complementarios a realizar.

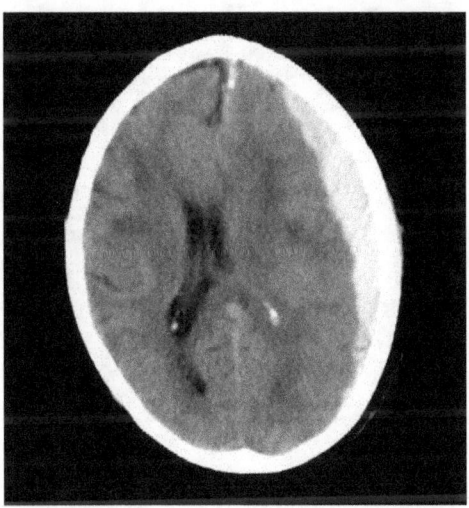

Hematoma subdural con desplazamiento de la línea media.

MANUAL DE ENFERMERÍA

DEL SÍNTOMA AL DIAGNÓSTICO

Bibliografía

Capítulo 1: Disnea

1.- Álvarez Suárez A, Cruz García AC. Evaluación clínica de la disnea. Medicina General 2002; 47: 713-715.

2.- Guía de Buena Práctica Clínica en Situaciones de Urgencia. https://www.cgcom.es/sites/default/files/guia_urgencia.pdf

3.- Sáez Roca G. Valoración del paciente con disnea. Escalas de medición. http://www.neumosur.net/files/EB03-23%20disnea.pdf

4.- Villar Bello R. Escala NYHA (New York Heart Association) Valoración funcional de Insuficiencia Cardíaca. http://www.meiga.info/escalas/nyha.pdf

5.- Ahmed A, MD. A propensity matched study of New York Heart Association Class an Natural History End Points in Heart Failure. Am J Cardiol 2007; 99:549-53.

6.- Cimas Hernando, JE. Enfermedad pulmonar obstructiva crónica. Importancia de los síntomas en la EPOC.MEDIFAM 2003; 13: 166-175.

7.- Rao AB y Gray D. Breathlessness in Hospitalised Adult Patients. Postgraduate Medical Journal 2003; 79(938):681-685.

8.- Andrés Buforn Galiana A, Reina Artacho C, de la Torre Prados MV. Ventilación Mecanica. http://www.medynet.com/usuarios/jraguilar/Manual%20de%20urgencias%20y%20Emergencias/ventmeca.pdf

Capítulo 2: Dolor Torácico Agudo

1.- Dolor torácico agudo no traumático. Grupo de Trabajo SEMES-Insalud. Emergencias 2000; 13:66-71.

2.- Dolor torácico. http://www.medynet.com/usuarios/jraguilar/Manual%20 de%20urgencias%20y%20Emergencias/dolotor.pdf.

3.- Míguez A. Diagnóstico y clasificación del dolor torácico. http://www.portalesmedicos.com/publicaciones/articles/ 2530/1/Diagnostico-yclasificacion-del-dolor-toracico.html. 22/10/2010

4.- Ingreso de pacientes con dolor torácico agudo no traumático en la unidad de corta estancia. Servicio de Urgencias-UCE, 2005. http://www.riojasalud.es/ficheros/dolor_toracico.pdf

5.- Cabrera S, Serrano I, Sans J y Bardají A. Protocolo diagnóstico del dolor torácico agudo en Urgencias. Unidades de dolor torácico. Medicine. 009; 10(37):2511-4.

6.- Guia de práctica clínica de la ESC para el manejo del síndrome coronario agudo en pacientes sin elevacion persistente del segmento ST. Grupo de Trabajo para el manejo del síndrome coronario agudo (SCA) en pacientes sin elevación persistente del segmento ST de la Sociedad Europea de Cardiología (ESC). http://www.revespcardiol.org/

7.- Guía de práctica clínica de la ESC para el manejo del infarto agudo de miocardio en pacientes con elevación del segmento ST. Rev Esp Cardiol.2013; 66 :53.e1-e46 - Vol. 66 Núm.01 DOI: 10.1016/j.recesp.2012.10.014

8.- Moya M., Laguna D. Diagnóstico del aneurisma aortico. Rev Clin Esp; (11):645-7.

9.-Evangelista M. Historia natural y tratamiento del síndrome aórtico agudo.
Rev Esp Cardiol 2004; 57(7):667-79.

10.- Jaramillo Z. Aneurismas de la aorta. http://www.umanizales.edu.co/publicaciones/campos/medicina/archivos_medicina/html/publicaciones/edicion_4/5_aneurisma_de_la_aorta.pdf

11.- Guías de práctica clínica de la Sociedad Española de Cardiología en tromboembolismo e hipertensión pulmonar. Rev Esp Cardiol. 2001;54:194-210.

12.- Guías de práctica clínica de la Sociedad Europea de Cardiología. Guías de práctica clínica sobre diagnóstico y manejo del tromboembolismo pulmonar agudo. Grupo de Trabajo para el Diagnóstico y Manejo del Tromboembolismo Pulmonar Agudo de la Sociedad Europea de Cardiología (ESC). www.revespcardiol.org

13.- Le Gal G, Righini M; Roy PM; Sanchez O, Aujesky D, Bounameaux H, Perri A. Prediction of pulmonary embolism in the emergency department: the revised Geneva score. Ann Intern Med 2006;144:165-71.

14.- Guía de Práctica Clínica para el diagnóstico y tratamiento de las enfermedades del pericardio. Grupo de Trabajo para el Diagnóstico y Tratamiento de las

Enfermedades del Pericardio de la Sociedad Europea de Cardiología. Rev Esp Cardiol 2004;57(11):1090-114.

15.- Freixa X. Evaluación, manejo y tratamiento de las pericarditis y miocarditis agudas en urgencias. Emergencias 2010; 22: 301-306.

16.- Almansa I, Munarriz A, Martínez Basterra J;, Basurte M, Uribecheverria E, AzcarateM. Taponamiento cardiaco. Libro electrónico de Temas de Urgencia. http://www.cfnavarra.es/salud/PUBLICACIONES/Libro%20electronico%20de%20Temas%20de%20Urgencia/3.CARDIOVASCULARES/Taponamiento%20cardiaco.pdf

17.- Nicolás B. Guía clínica del neumotórax simple en el primer episodio.
http://www4.neuquen.gov.ar/salud/images/guias_de_practicas_clinicas/neumotorax_simple_en_el_primer_episodio_2009.pdf

18.- Guia de pautas clinicas recomendadas en Neumotorax. Sociedad Argentina de Cirugía toracica. http://www.sact.org.ar/docs/Guia_pautas.pdf

Capítulo 3: Dolor Abdominal Agudo

1.- Patiño JF. Dolor abdominal agudo.
http://www.aibarra.org/Guias/5-2.htm

2.- Alvarez Zepeda C. Guia clinica manejo del paciente adulto con dolor abdominal no traumatico, 2004.

http://cirugiabarrosluco.files.wordpress.com/2012/06/gu c3ada-clc3adnica-de-dolor-abdominal.pdf

3.- Águila O, Rodríguez R, Jiménez R, González JI, Guedes Capín N. Guía para el manejo del abdomen agudo en la atención primaria de salud. Revista de las Ciencias de la Salud de Cienfuegos, 2006; Vol. 11, No. Especial 1.

4.- Serrano M, Ruiz F, Rucabado L, Castillo E. Valoración del abdomen agudo en Urgencias. http://www.cirugest.com/htm/revisiones/cir12-07/12-07-03.htm

5.- Guías para la práctica de la medicina de Urgencias. Servicio de Urgencias Hospital General Universitario "Gregorio Marañón".
http://es.scribd.com/doc/10320029/Guias-clinicas-y-protocolos-de-urgencias

6.- Guía de práctica clínica del abdomen agudo en el adulto.

http://www.hospitalbarranca.gob.pe/pages/transparencia/datosgenerales/otros/Abdomenagudo.pdf

7.- Jiménez L, Ivos F, Leiva J, Buforn A, Toscano R, Dolor abdominal en urgencias.

http://www.medynet.com/usuarios/jraguilar/Manual%20 de%20urgencias%20y%20Emergencias/dolorabd.pdf

Capítulo 4: Fiebre

1.- Fermín J Jiménez Bermejo, Tomás Rubio Vela, Catalina Isabel González Rodríguez, María Teresa Gaztelu Contín. SINDROME FEBRIL EN URGENCIAS.http://www.cfnavarra.es/salud/PUBLICACIONES/Libro%20electronico%20de%20temas%20de%20Urgencia/12.Infecciosas/Sindrome%20febril%20en%20Urgencias.pdf

2.- Pérez A. Fiebre, en monografía.comhttp://www.monografias.com/trabajos38/fiebre/fiebre.shtml#ixzz2HwnIbpJW

3.- Álvarez-Cagigas ML, García G. Fiebre prolongada sin foco, 2008. http://www.fisterra.com/guias-clinicas/fiebre-prolongada-sin-foco/

4.- Paredes A, Quilodrán S, Valentina M, Gálvez D. Fiebre de origen desconocido, 2011. http://www.med.ufro.cl/clases_apuntes/medicina-interna/infectologia/docs/fiebre-de-origen-desconocido.pdf

5.- Martín Ruiz. SINDROME FEBRIL EN URGENCIAS. http://www.urgenciasclinico.com/PDF/PONENCIAS_CURSO_2010/fiebre.pdf

Capítulo 5: Cefalea

1.- Guía de buena práctica clínica en migraña y otras cefaleas. https://www.cgcom.es/sites/default/files/guia_cefaleas.pdf

2.- Pedrera V, Miralles MJ, Lainez JM. Cefaleas Guía de Actuación Clínica en A.P. http://www.san.gva.es/docs/dac/guiasap09cefaleas.pdf

3.- Tratamiento de Cefalea y Migraña en el Primer y Segundo Nivel de Atención. http://www.cochrane.ihcai.org/programa_seguridad_paciente_costa_rica/pdfs/33_Tratamiento-de-Cefalea-&-Migrana.pdf

4.- Moya Mir MS, Escamilla Crespo C, García Criado EI, Pita Calandre E. Recomendaciones para el diagnóstico y tratamiento de la migraña en Urgencias. Emergencias 2001; 13:249-257

5.- González Oria, C, Fernández Recio M, Gómez Aranda F, Jurado Cobo CM, Heras Pérez JA. Guía rápida de cefaleas. Consenso entre Neurología (SAN) y Atención Primaria (SEMERGEN Andalucía). Criterios de derivación. Semergen. 2012; 38:241-4. vol.38 núm 04.

6.- Aproximación diagnóstica al paciente con cefalea. Grupo de estudios de cefaleas de la Sociedad Española de Neurología, 2006. http://cefaleas.sen.es/profesionales/recomendaciones2006.htm

Capítulo 6: Coma

1.- Ventosa Rial JJ, Pazo Paniagua C. El paciente inconsciente. http://www.fisterra.com/guias-clinicas/el-paciente-inconsciente/

2.- Julio A., Misas Menéndez M, Hernández Millán Z L, Alfonso Falcón D, Pérez Ramos T. Guía de práctica clínica para el tratamiento del coma. MediSur, vol. 7 (1) 2009; 139

3.- Medición de signos neurológicos (escala de Glasgow). Documentación de Enfermería del Hospital General Universitario Gregorio Marañón. http://www.madrid.org/cs/Satellite?blobcol=urldata&blobheader=application%2Fpdf&blobheadername1=Content disposition&blobheadername2=cadena&blobheadervalue1=filename%3DMedici%C3%B3n+de+signos+neurol%C3%B3gicos+(escala+de+Glasgow).pdf&blobheaderval

ue2=language%3Des%26site%3DHospitalGregorioMar
anon&blobkey=id&blobtable=MungoBlobs&blobwhere=
1310577449692&ssbinary=true

4.- Tembl Ferrairó JI, Boscá Blasco I, Vilchez Padilla JJ. Protocolo diagnóstico del coma.
http://www.trainmed.com/trainmed2/contentFiles/6328/es/62v08n103a13047245pdf001.pdf

5.- Guía clínica de manejo del paciente en coma. Instituto Nacional de Rehabilitación.
http://iso9001.inr.gob.mx/Descargas/iso/doc/MG-DM-13.pdf

6.- Sánchez Pérez E. Coma neurológico.
http://med.javeriana.edu.co/publi/vniversitas/serial/v43n1/0021%20Coma.PDF

www.ingramcontent.com/pod-product-compliance
Lightning Source LLC
Chambersburg PA
CBHW061513180526
45171CB00001B/155